お茶はおいしく、のどをうるおしてくれるだけでなく、気もちがほっとしたり、かぜなどを予防したりする効果が期待できるといわれています。また、人と人をつなぐ役割もはたしてきました。
お茶のいれ方、お茶を使った菓子や料理のつくり方をおぼえて、お友だちやお家の人にふるまってみましょう。

伝えよう！ 和の文化

お茶のひみつ③

お茶をたのしもう

監修　伊藤園
レシピ　荻田尚子

はじめに

みなさんは、お茶をいれたことはありますか。
お茶をいれるのは、むずかしくありません。
だれでも手軽にいれられますが、お茶の種類に合わせて少しくふうをすると、よりいっそうおいしいお茶をたのしむことができます。
この本では、せん茶、玉露、ほうじ茶など、日本茶の種類ごとに、おいしいいれ方や、好みの味わいでいれるポイントなど、さまざまなたのしみ方を紹介します。
また、お茶を使ったプリンやクッキーなどの菓子、スパゲッティやオムレツなどのお茶を使った意外な料理のレシピも紹介します。
さあ、たのしいお茶の時間のはじまりです。

もくじ

1 お茶をいれてみよう

日本茶（緑茶）には、せん茶、玉露、ほうじ茶などがあります。同じチャノキの葉を用いますが、栽ばい方法や加工方法のちがいで、味わいのことなるお茶ができます*。お茶の特ちょうやいれ方などを見ていきましょう。

＊この本では、加工する前のお茶の葉を「生葉」、加工したあとのお茶を「茶葉」としています。また、茶業界では茶葉を「ちゃよう」と読んでいますが、この本では一般的な読み方の「ちゃば」としています。

お茶のつくり方や特ちょう、種類については、1巻・4巻を見てみよう。

お茶の味は3つの成分できまる

お茶の味わいをつくるおもな成分は、アミノ酸、カテキン、カフェインの3つです。アミノ酸はお茶のあまみやうまみに、カテキンは渋みに、カフェインは苦みに関係しています。

これらの3つの成分は、水へのとけ出し方がそれぞれちがい、お湯の温度と抽出時間でお茶の味わいは大きく変わります。

5ページのグラフを見ると、あまみやうまみのもとになるアミノ酸は低温でもとけ出すのに対して、渋みのもとになるカテキンや苦みのもとになるカフェインは、お湯の温度が高くなるにつれて、多くとけ出すことがわかります。

たとえば、苦みの少ないお茶にしたいなら、お湯の温度を少し低くしていれるとよいでしょう。この性質を利用して、好みの味のお茶をいれてみましょう。

お茶の味をきめる成分

アミノ酸

たんぱく質をつくる成分。緑茶には、テアニン、グルタミン酸など、あまみやうまみのもとになるアミノ酸がふくまれている。

カテキン

苦みや渋みなどの成分であるポリフェノールのひとつ。緑茶にふくまれるポリフェノールの85%はカテキンがしめている。

カフェイン

緑茶やコーヒーにふくまれる成分のひとつで、苦みのもとになる。ねむけをさます効果がある。

テアニンとは

お茶にふくまれるアミノ酸のうち、もっとも多くふくまれているよ。お茶を飲むとほっとするのは、このテアニンが影響しているんだ。

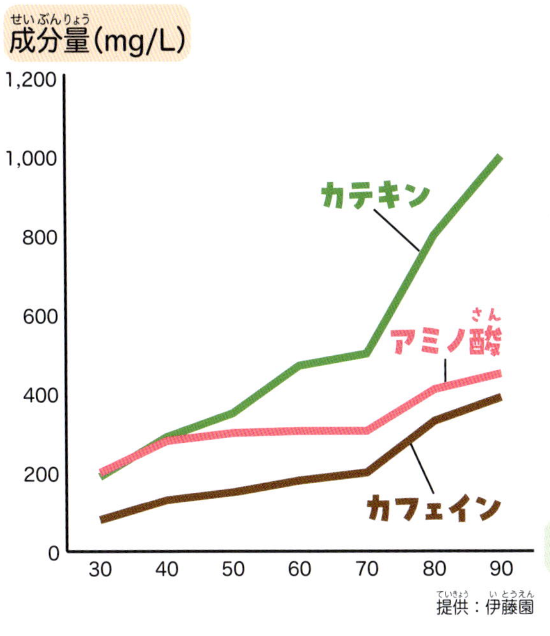

- **カテキン** お湯の温度が高くなるほど、多くとけ出す
- **アミノ酸** お湯の温度にあまり関係なくとけ出す
- **カフェイン** お湯の温度が高くなるほど、多くとけ出す

ポイント

ふっとうした熱々のお湯でお茶をいれると、苦みが強くなります。お茶をいれるときは、お湯の温度と抽出時間を意識していれてみましょう。

お茶をいれる手順

お茶は、つぎの手順でいれます。おいしいお茶をいれるには、1つ1つの工程をていねいにおこなうことが大切です。

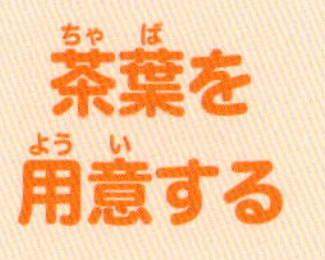

お湯をそそぐ

お茶を抽出する(蒸らす)

本書で紹介するお茶のいれ方

温かいお茶や冷たいお茶のいれ方を紹介します。気になるお茶からチャレンジしてみましょう。

せん茶
14ページ

玉露
16ページ

ほうじ茶
17ページ

せん茶のティーバッグ
22ページ

冷たいせん茶①
(きゅうすの場合)
18ページ

冷たいせん茶②
(オンザロックの場合)
20ページ

冷たいせん茶③
(冷茶ボトルの場合)
21ページ

氷出し玉露
22ページ

茶葉を買ってみよう

日本茶は、お茶の専門店やスーパーマーケットなどで買うことができます。お店（小売店）にお茶をおろすお茶屋さん（製茶問屋）の仕事と、おもなお茶の種類を見ていきましょう。

どこで買えるの？

お茶の専門店では、はかり売りをしていたり、オリジナルのブレンド茶（茶葉を組み合わせて味わいをつくったもの）が買えます。好みの味を伝えて相談しながら買えたり、お茶の道具なども買えたりします。お茶はスーパーマーケットやインターネットでも買えます。インターネットでは、めずらしいお茶なども取りよせられます。

ポイント

商品のパッケージに記されたお茶の種類や特ちょう、産地、内容量、保存方法、賞味期限などを確認しましょう。100ｇ単位で売られていることが多いけれど、賞味期限内に飲みきれる量を考えて買うようにしましょう。

お茶屋さんはどんなところ？

前田幸太郎商店・前田文男さん

静岡県にある製茶問屋。茶葉を組み合わせ、香り、あまみ、苦み、渋みのバランスのとれたお茶づくりに力をそそいでいる。

お茶農家でつまれたお茶の葉（生葉）は工場に運ばれ、「荒茶」とよばれる保存ができる状態に加工されます（1巻12ページ）。荒茶を仕入れて加工し、お店に出荷するのがお茶屋さんの仕事です。お茶の色や香り、味わいを出すために、目・舌・鼻で茶葉を見きわめながら加工しています。

①「あおり箕」という道具などで茶葉を上下にふって、粉や平べったい葉を分けているところ。②茶葉を85～90℃で20～25分加熱し（左）、下から風を当て冷ましているところ（右）。③昔は写真のような茶箱（木箱）で茶葉を保管していた。

仕事の流れ

仕入れ
さまざまな茶葉（荒茶）が集まる茶市場に行き、選んで仕入れる。

→

仕上げ（選別）
機械や手作業で、荒茶から、お茶のくきや棒、粉、形のことなる葉などを取りのぞく。

→

火入れ
茶葉をかまに入れて、およそ85～90℃で加熱する。茶葉の状態を見て、時間や温度を細かく調整する。

→

合組（ブレンド）
めざす味になるように、何種類かの茶葉をまぜて、お茶の味をつくる。

おもな茶葉の種類

せん茶、玉露、まっ茶、ほうじ茶は、いずれももとはチャノキの葉です。栽ばいのしかたや加工のしかたがちがいます。

茶葉の加工については、4巻を見てみよう。

せん茶

日本茶といえば、せん茶をさすほど一般的なお茶です。茶葉は緑色、いれたお茶の色はすんだ黄緑色。「ふつうせん茶*」と「深蒸しせん茶」がありますが、ちがいは荒茶に加工するときの蒸し時間です。ふつうせん茶が茶葉を 30 ～ 40 秒ほど蒸すのに対して、深蒸しせん茶はふつうせん茶の2～3倍の時間蒸します。長く蒸したぶん、まろやかでコクのある味になります。

＊「ふつうせん茶」は、通常「せん茶」とよばれています。

玉露

茶つみの 20日ほど前に茶畑によしずやわらなどをかぶせて太陽の光をさえぎって育てることで、うまみ成分が強いお茶の葉になります。手間をかけて育てた上質なお茶です。茶葉はつややかな深い緑色で、いれたお茶の色は淡い黄色。福岡県の「八女茶」や京都府の「宇治茶」などがとくに有名です。

ほうじ茶

せん茶、番茶などを高温でいってつくります。こうばしい香りが特ちょう。茶葉の色、いれたお茶の色ともに明るい茶色をしています。家でもフライパンなどでせん茶をいってつくることもできます（25 ページ）。

お茶をいれるおもな道具

日本茶をいれるには、どんな道具を用意したらよいでしょう。
最初にそろえておきたい道具を紹介します。

茶わん

お湯の温度を少し下げていれるせん茶や玉露*1には薄めの茶わん、ふっとうしたお湯でいれる熱々のほうじ茶には厚めの茶わんがよい。また、冷茶にはガラス製のグラスを選ぶとすずしげに。

＊1 少量を飲む玉露の器は、せん茶の器より小ぶりのものが合います。

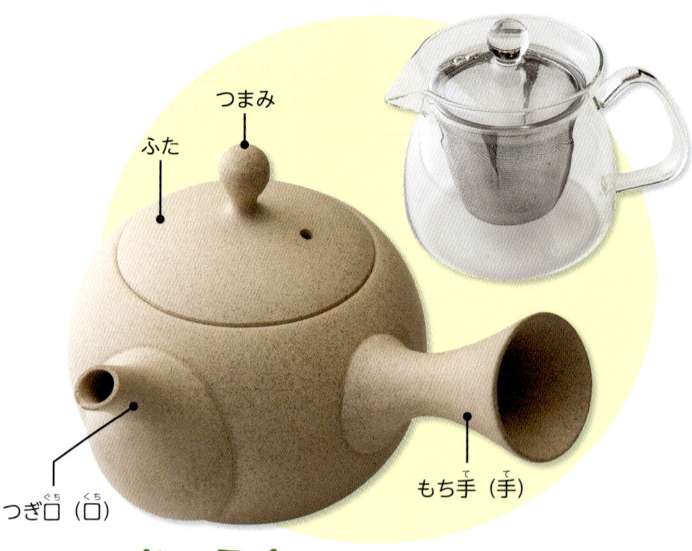

きゅうす

もち手の位置やあみの形状、陶器製やガラス製など、形や素材もさまざま。一般的な大きさは、容量200～350 mLほど（お茶2～3杯分）。

湯冷まし

ふっとうさせたお湯を冷ますときに使う器。なければ、耐熱性の計量カップやマグカップ、きゅうす、茶わんなどでも代用できる（11ページ）。

ティースプーン、茶さじ*2

茶葉をきゅうすなどの器に入れるときに使う。1杯が何グラムなのか、確認しておこう。茶葉がしけないように、乾いたものを使おう。

＊2 茶さじは、茶葉をすくう道具です。

タイマー

お茶を蒸らす時間をはかるときに使う。蒸らす時間は、お茶の味に影響するため、必ずはかろう。

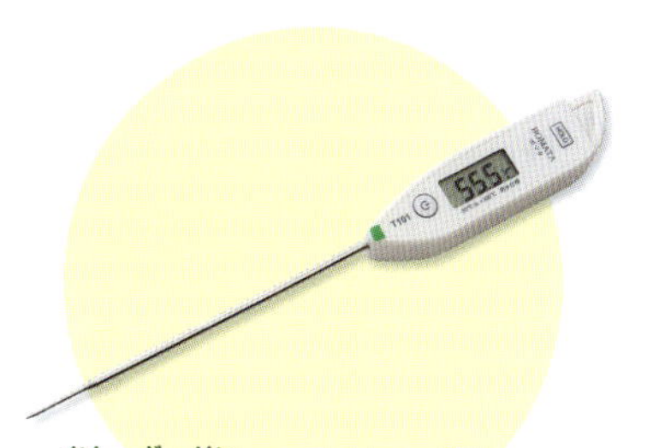

温度計

なれないうちは、お湯の温度をはかるときにあると便利。適温のお湯は、器やきゅうすを使ってもつくれるので（11 ページ）、なくても OK。

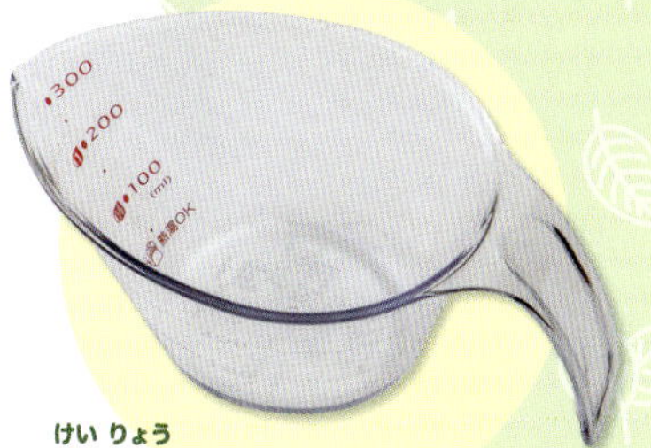

計量カップ

きゅうすがないときは、計量カップでお茶をいれることもできる（19 ページ）。温かいお茶をいれるときは、耐熱性のものを選ぼう。

茶こし

きゅうす以外のものでお茶をいれるときに使う。茶わんやグラスに茶こしをのせて、お茶をつごう。

冷茶ボトル

冷たいお茶をつくりおきするときに使う（21 ページ）。茶葉を受けるフィルターつき、お茶パックを入れるかごつきなどがある。

茶づつ

開ふうしたお茶を保存する容器。内ぶたがきちんと閉まるものを選び、直射日光の当たらない場所で保管しよう（24 ページ）。

茶たく

お茶を出すときに、茶わんをのせる皿。

おぼん

お茶や菓子を運ぶときに使う。すべり止めがついているおぼんだと、お茶を運ぶときに安全。形や素材もさまざま。

ふきん

器をふいたり、水てきをぬぐったりする。茶わんを茶たくにのせるときは、ふきんに置き、底についた水気を取ろう（27 ページ）。

きゅうすはあみの目も確認しよう！

きゅうすを選ぶときは、形や大きさのほかに、中についているあみを確認することも大切です。あみの目が大きいと細かい茶葉は、あみを通りぬけて茶わんに入ってしまいます。使ったあとは、あみの目に茶葉が残らないように洗いましょう（23 ページ）。

茶葉はあみの目につまりやすいので、ていねいに手入れしよう。

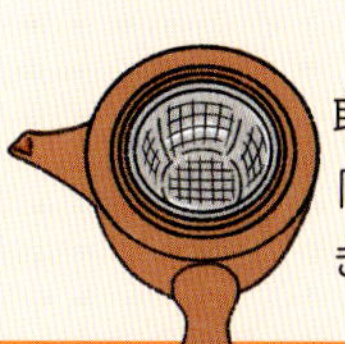

取りはずしができる「かごあみ」タイプのきゅうすもある。

おいしいお茶をいれるコツ

おいしいお茶をいれるコツは、茶葉の量、お湯の温度と量、抽出する時間、つぎ方の4つ。それぞれのポイントを見ていきましょう。

4つのポイントを大切に

1 茶葉の量

せん茶の場合、1人分約2gを目安に人数分用意します（2杯分なら約4g）。ティースプーンを使う場合は、そのティースプーン1杯が何グラムになるのか、あらかじめ確認しておきましょう。

2 お湯の温度と量

下の表のように、お湯の温度と量は茶葉の種類によって変わります。適温のお湯のつくり方は、11ページを見てみましょう。

3 抽出時間

茶葉を蒸らす時間を抽出時間といいます。抽出時間は、下の表を目安にしましょう。ただし、表は目安なので、好みで調整してかまいません。「今日は濃いお茶が飲みたいな」というときは、抽出時間を少し長めにしてみましょう。水を使っていれる場合は、抽出時間が長くても苦みや渋みが出にくいので、じっくり抽出しても、うまみたっぷりのお茶をたのしめます。

4 つぎ方

一度に何杯分かいれるときは、同じ味わいにするため、「まわしつぎ」をします。まわしつぎのやり方は、12ページを見てみましょう。

茶葉ごとのいれ方の目安（茶わん2杯分）

	茶葉の量	お湯の量・温度		抽出する時間
せん茶	約4 g	約200 mL	約80～95℃	約30～60秒
玉露	約6 g	約100 mL	約50～60℃	約2分
ほうじ茶	約4 g	約200 mL	約95℃	約30秒

ポイント

よく使うきゅうすにどのくらいのお湯が入るのか、あらかじめ確認しておくと便利。

適温のお湯のつくり方

おいしいお茶をいれるお湯の温度は、茶葉ごとに目安があります。温度計を使わずに、ふっとうさせたお湯を適温まで下げるやり方を紹介します。

はじめに、やかんや電気ポットでお湯をふっとうするまでわかします。ふっとうしたお湯の温度は、約100℃です。

ほうじ茶の場合は、やかんや電気ポットから直接ほうじ茶の茶葉を入れたきゅうすにお湯をそそぎます。

せん茶や玉露の場合は適温までお湯の温度を下げてから、きゅうすにお湯をそそぎます。

お湯の温度は、下の写真のように、茶わんやきゅうすを使い、うつしかえながら下げていきます。温度は、うつしかえるごとに、約10℃が下がります。

やけどに注意!

ポイント

お茶をいれるお湯は、必ずふっとうさせてから冷まして使います。「玉露の適温は約50～60℃だから、ふっとうさせなくてもいい」ということはありません。ふっとうさせることで、水道水特有のカルキのにおいを消す目的もあります。

お湯の温度の目安

お湯の温度は、見た目でもおよそわかります。

90℃　湯気が勢いよく、まっすぐに上がっている。
70℃　湯気はよこにゆれながら高く上がる。
50℃　湯気がかすかに上がる。

「まわしつぎ」でお茶をつごう

おいしいお茶をいれるために気をつけたいのは、きゅうすから茶わんへのお茶のつぎ方です。1つの茶わんに一気につがず、少量ずつ、つぎ分けるのがコツです。

つぎ方の基本は「まわしつぎ」

きゅうすで抽出するお茶は、最初は薄く、だんだん濃くなります。そのため、複数の茶わんにお茶をつぐときは、味や色が均一になるように、それぞれの茶わんに少しずつついでいきます。これを「まわしつぎ」といいます。

下の図のように、❶→❷→❸の順で茶わんの 3 分の 1 くらいずつ、すべての茶わんにつぎます。最後の茶わんまできたら、❸→❷→❶と折り返してつぎ足します。お茶の最後の 1 てきには、おいしさがつまっています。残さずつぎきりましょう。

お茶の量は、茶わんの 8 分めを目安にしましょう。

ポイント

うまみのつまった最後の１てきは「ゴールデンドロップ」とよばれます。しっかりつぎきりましょう。

水は軟水が合う！

水にふくまれるカルシウムやマグネシウムなど、ミネラルの量を数字で表した数値を「硬度」といいます。水は硬度により「軟水」と「硬水」に分けられます。硬度が高いととけ出しにくいお茶の成分があるので、昔は軟水が向いているといわれてきましたが、研究が進むにつれて、現在では味わいは好みによるので、どちらが向いているとははっきりとはいえません。自分の好みをさがしてみましょう。

1杯でも数回に分けてつぐ

お茶を1杯だけいれるときも、一気につがず、数回に分けてつぎます。コツは、きゅうすをかたむける→もどすの動き（「手返し」といいます）を、3～4回くり返します。一気についでしまうと、お茶の色が薄くなってしまいますが、数回に分けていれることで、お茶の色がきれいに出ます。また、きゅうすをかたむけることで、茶葉がきゅうすの中でゆれて、成分がしっかりお湯にとけ出します。

きゅうすをかたむける。

きゅうすをもどす。
これをくり返してつぐ。

手返しでいれたお茶　一気についだお茶

2杯めのお茶をいれるときは

お茶は最後までつぎきるのがよいのですが、きゅうすにお茶が残ってしまった場合は、べつの茶わんなどにお茶をつぎきっておきます。そして、やけどしないように、きゅうすが冷めてから、あみについた茶葉をきゅうすの底に落とします。下の写真のように、片ほうの手できゅうすのもち手をもち、もう片ほうの手でつぎ口と反対側のあたりを「ポンッ！」と軽くたたくと、茶葉があみからかんたんにはなれます。その後、お湯をいれますが、このときは、お湯の温度は下げずに、やかんや電気ポットのふっとうしたお湯（約100℃）を直接きゅうすにそそぎます。そして、渋みが出ないうちに、すぐにお茶を茶わんにつぎましょう。

片ほうの手できゅうすのもち手をもち、もう片ほうの手でつぎ口と反対側を軽くたたく。

茶葉がきゅうすの底に落ちる。

せん茶のいれ方

日本茶の中でも、もっとも多く飲まれているのがせん茶です。温度や抽出時間に気をつけていれてみましょう。

材量（2杯分）

せん茶 …… 約4g（ティースプーン2杯分）
お湯 ………………………… 約200mL

道具

- 茶わん
- きゅうす
- ティースプーン

お湯の温度

- 約80～95℃

抽出時間

- 約30～60秒

いれ方

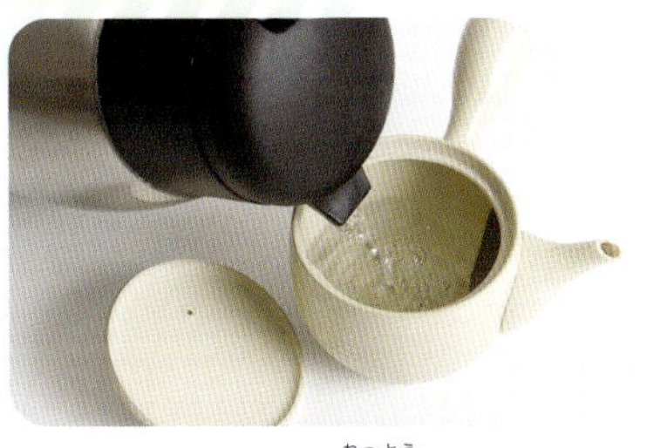

1 きゅうすに熱湯をそそぐ。お湯を冷ましつつ、きゅうすを温める。

2 **1**のきゅうすにふたをし、茶わんにお湯をうつす。お湯を冷ましつつ、茶わんを温める。

★ポイント

お湯は茶わんの8分めまでそそぐ。きゅうすに残ったお湯は捨てよう。

3 きゅうすに茶葉を入れる。

4 きゅうすに**2**の茶わんのお湯をもどす。

★ポイント

2の約80℃のお湯を使うよ。

5 ふたをして約30～60秒待つ。

約30～60秒たったときのようす。

6 茶わんに「まわしつぎ」(12ページ)で交互につぐ。最後の1てきまでつぎきる。

最後の1てきにも、おいしさがつまっているよ。しっかりつぎきろう!

お茶は状きょうに合わせて選ぼう! ①

勉強に集中したいときや、朝おきて飲むときは、やや高めの温度のお湯でいれたお茶がおすすめです。ねむけをさます作用のあるカフェインは、お湯の温度が高くなるほど多くとけ出すからです。反対に、ねる前はやや低い温度でいれるといいでしょう。

玉露のいれ方

玉露は、あまみやうまみが強いので、少量を味わいましょう。
低めの温度のお湯を使うのがポイントです。

材量（2杯分）

玉露 ・・・・・・・・・・・・・・ 約6 g
（ティースプーン3杯分）

お湯 ・・・・・・・・・・・ 約100 mL

道具

- 茶わん
- ティースプーン
- きゅうす

お湯の温度

- 約50～60℃

抽出時間

- 約2分

1 約50～60℃のお湯をつくる（11ページ）。きゅうすに茶葉を入れる。

2 きゅうすに1のお湯をそそぐ。

3 ふたをして約2分待つ。

約2分たったときのようす。

4 茶わんに「まわしつぎ」（12ページ）で交互につぐ。最後の1てきまでつぎきる。

ほうじ茶のいれ方

茶葉をいってつくるほうじ茶は、こうばしい香りが特ちょう。高めの温度ですばやくいれるのがコツです。

材量（2杯分）

ほうじ茶 ………… 約4 g
（ティースプーン山もり4杯分）

お湯 ………… 約200 mL

道具

- 茶わん
- ティースプーン
- きゅうす

お湯の温度

- 約95℃＊

＊やかんや電気ポットのお湯をきゅうすにそそぐと、95℃くらいのお湯になります。

抽出時間

- 約30秒

いれ方

1 きゅうすに茶葉を入れる。

アドバイス

ほうじ茶の茶葉の風味が落ちたら、フライパンでいると、こうばしさがもどります（25ページ）。

2 きゅうすに熱湯をそそぎ、ふたをして約30秒待つ。茶わんに「まわしつぎ」（12ページ）で交互につぐ。最後の1てきまでつぎきる。

約30秒たったときのようす。

★ポイント

熱湯でいれ、香りを十分に引き出そう。

冷たいせん茶のいれ方①

冷たい水を使ってきゅうすでいれる冷茶は、あまみのある、まろやかな味わいがたのしめます。暑い日に、ぜひつくってみましょう。

材量（1～2杯分）

せん茶‥‥ 約6ｇ（ティースプーン3杯分）
冷たい水‥‥‥‥‥‥‥‥ 約200 mL
氷‥‥‥‥‥‥‥‥‥‥‥‥ 2～3個

道具

- グラス
- きゅうす
- ティースプーン

水の温度

- 約5℃

抽出時間

- 約3分

いれ方

1 きゅうすに茶葉を入れる。

★ポイント
茶葉は温かいお茶のときより、ティースプーン１杯分多めに入れよう。

2 ❶のきゅうすに氷を入れる。

アドバイス
茶葉の量を増やしたり、抽出時間を長くしたりすると、あまみがさらに引き出されます。好みの味をさがしてみましょう！

3 冷たいお水をそそぎ、ふたをして約３分待つ。

約３分たったときのようす。

4 軽くきゅうすをまわす。

5 グラスに「まわしつぎ」（12ページ）で交互につぐ。最後の１てきまでつぎきる。

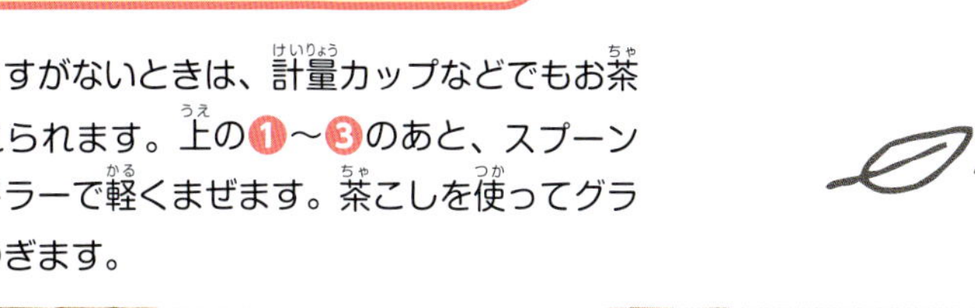

きゅうすがないときは……

きゅうすがないときは、計量カップなどでもお茶をいれられます。上の❶～❸のあと、スプーンやマドラーで軽くまぜます。茶こしを使ってグラスにつぎます。

軽くまぜる。

グラスにつぐ。

お茶は状きょうに合わせて選ぼう！②

暑い時期に欠かせない冷茶ですが、水で抽出する水出し冷茶（21ページ）は、ねむけをさます効果のあるカフェインがあまりとけ出さないので（５ページ）、ねる前にも安心して飲めます。苦みや渋みがとけ出さないため、まろやかな味わいです。

冷たいせん茶のいれ方②

温かいお茶を、氷の入ったグラスについで、オンザロックで。ひんやりおいしいお茶のできあがり。

材量（2杯分／100 mL）

せん茶 ……………約4 g（ティースプーン2杯分）
お湯 …………約100 mL
大きめの氷 ……グラス2杯分

道具

- グラス
- ティースプーン
- きゅうす

お湯の温度

- 約95℃*

*やかんや電気ポットのお湯をきゅうすにそそぐと、95℃くらいのお湯になります。

抽出時間

- 約30秒

いれ方

1 きゅうすに茶葉を入れる。

★ポイント
氷がとけてお茶が薄まるので、濃いめのお茶をつくろう。

2 きゅうすに熱湯をそそぎ、ふたをして約30秒待つ。

3 グラスに大きめの氷を入れる。

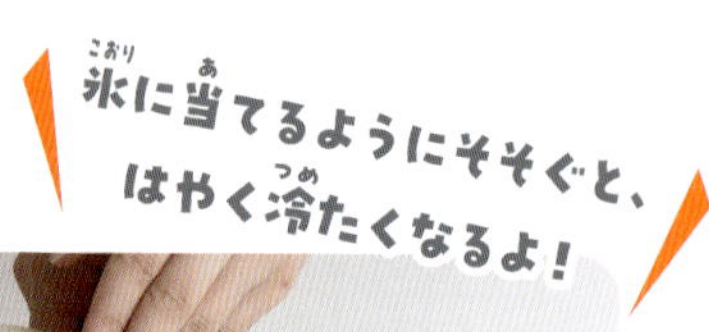

4 ❷のお茶を「まわしつぎ」（12ページ）で交互につぐ。最後の1てきまでつぎきる。スプーンで軽くまぜる。

冷たいせん茶のいれ方③

冷茶ボトル（9 ページ）を利用すると一度にたくさんの量の冷たいお茶が手軽につくれます。

材量（ボトル１本分／１L）

せん茶＊ ・・・・・・ 約10 g
（ティースプーン５杯分）

水・・・・・・・・・・・・・・・・・ 約１ L

＊好みの茶葉でつくってもよい。

道具

- グラス
- ティースプーン
- 冷茶ボトル

抽出時間

- 約２時間

アドバイス

つくったお茶は、24 時間以内に飲みきりましょう。

いれ方

1 冷茶ボトルに茶葉を入れる。

2 ❶に水を入れ、冷蔵庫で約２時間冷やす。

★ポイント

茶葉をひたす時間は、好みで調節しよう。入れっぱなしにしても、渋くはならないよ。

3 できあがり。お茶の色にムラがある場合は、スプーンやマドラーなどで軽くまぜてから、グラスにつぐ。

★ポイント

冷茶ボトルに茶葉をこすあみがついていないときは、茶こし（9ページ）を使ってお茶をつごう。

手軽に？じっくり？もっとたのしむお茶のいれ方

お茶のいれ方には、さまざまな方法があります。手軽なティーバッグを使ったいれ方と、ちょっと変わった「氷出し」のいれ方を紹介します。

カップ１つでさっとできる！せん茶のティーバッグ

おいしくいれるコツは、ティーバッグを取り出す前に上下に動かし、お茶の成分をしっかり出すこと。こぼさないように静かにふりましょう。

材量（１杯分）

せん茶のティーバッグ ‥ １個
お湯 ･･････････ 約 150 mL

道具

● マグカップや茶わん

お湯の温度

● 約 95℃

抽出時間

● 約 30 秒

＊お湯の量や温度、抽出時間は、お茶のパッケージの表示にしたがいます。

いれ方

1 マグカップや茶わんにお湯を８分めまで入れ、適温になるまで冷ます。カップにティーバッグを入れ、約 30 秒待つ。

2 お湯の中でティーバッグを５～６回上下に動かし、静かに引き上げる。しばらくカップの上でもち、水分をきってから取り出す。

氷のしずくでじっくりつくる！玉露の「氷出し」

「氷出し」は、氷が自然にとけた水でお茶をいれます。ゆっくり抽出することで、おどろくほどお茶のあまみが出ます。不純物がなく、とけにくい市販の氷でじっくりいれるのがおすすめです。

いれ方

氷が少しずつとけていくようすもすずしげ！

1 グラスやきゅうすなどに茶葉を約４ g（ティースプーン２杯分）入れ、その上に氷を置く。氷がとけ、茶葉が開くまで待つ。

2 べつのグラスに茶こしをのせ、**1**を静かにつぐ。

きゅうすの洗い方

お茶をたのしんだあとは、きゅうすや茶わんの片づけもしっかりおこないましょう。とくにきゅうすのお手入れは、おいしいお茶をいれるうえで欠かせません。飲み終えたら、きれいに洗い、つぎに備えましょう。

茶葉を洗い流し、しっかり乾燥させる

きゅうすの中に茶葉が残っていると、お茶の味や色に影響します。

使ったあとは、茶葉をしっかり取りのぞきましょう。とくにあみのまわりやつぎ口の中には、茶葉が残りがちです。茶葉を捨てたあと、水を流し入れて細かい茶葉を洗い流しましょう。

洗ったあとは、清けつなふきんの上や水きりかごに、ふたをせず、ふせて乾かします。水分が残っていると、きゅうすの中が蒸れてにおいがこもったり、菌がはんしょくしたりすることがあるので、しっかり乾かすことが大切です。

茶わんはふだんはやわらかいスポンジなどを使って水洗いするだけで十分です。茶渋が気になるときは、漂白剤を使って落としますが、最後は水でしっかり洗います。すすぎが足りないと、漂白剤のにおいが残ってしまうので気をつけましょう。

きゅうすの洗い方

❶片ほうの手できゅうすのもち手をもって、もう片ほうの手でつぎ口の反対側を軽くたたいて、あみについている茶葉をきゅうすの底に落とす。

❷茶葉を水きりネットなどをしいた生ごみ入れに捨てる。

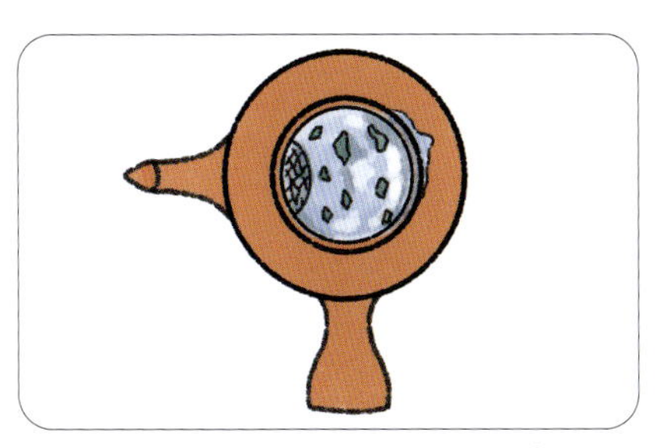

❸きゅうすのふちギリギリまで、水を入れる。これにより、あみのまわりやつぎ口に残っていた茶葉がういてくる。

❹水を一気に捨て、茶葉を流す。きゅうすに茶葉が残っていたら、もう一度水を入れ、茶葉を流す。最後にやわらかいスポンジで水洗いする。

❺清けつなふきんの上や水きりかごに、きゅうすとふたをそれぞれふせて置き、しっかり乾かす。

茶葉の保管のしかた

茶葉はとてもデリケート。酸素や光、湿度、温度などにより、味や香りが落ちてしまいます。おいしいお茶をいれるためにも、茶葉の正しい保管のしかたを知っておきましょう。

酸素、光、湿度、温度、まわりのにおいに気をつけよう

茶葉は湿気を吸いやすく、また、まわりのにおいを吸収しやすい性質があります。さらに、光や温度に弱く酸化*しやすいため、保管のしかたによっては、味や香りが落ちてしまいます。おいしいお茶をたのしむためにも、茶葉はきちんと保管しましょう。

お茶のふくろを開けたら、約1週間で飲みきれる量を茶づつにうつし、直射日光が当たらない場所に置きます。

残ったお茶は、ふくろの空気をしっかりぬいて口を折り、テープで止めます。さらに、まわりのにおいがうつらないように、ジッパーつきのふくろに入れると安心です。この状態で、暗くてすずしい場所や冷蔵庫で保管しましょう。使うときは、必要な量だけ取り出します。

＊ 酸素による変化のことをいいます。

茶づつには、約1週間で飲みきれる量だけ入れ、直射日光の当たらない場所に置こう。茶葉がジッパーつきのふくろに入っている場合は、茶づつにうつさなくてもOK。

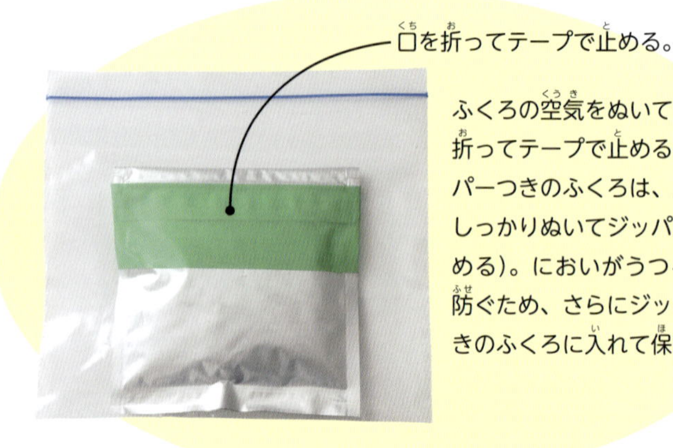

口を折ってテープで止める。

ふくろの空気をぬいて、口を折ってテープで止める（ジッパーつきのふくろは、空気をしっかりぬいてジッパーを閉める）。においがうつるのを防ぐため、さらにジッパーつきのふくろに入れて保管する。

ポイント

冷蔵庫で保管した茶葉を使うときは、そのまましばらく置き、室温にもどしてからふくろを開けましょう。取り出してすぐに開けると、冷蔵庫と部屋の温度差により、ふくろの内側や茶葉の表面に水てきがついて、茶葉がしけてしまいます。

風味が落ちた茶葉は、フライパンでいって、ほうじ茶に変身！

風味が落ちたせん茶や玉露などの茶葉は、ほうじ茶にすれば、おいしく飲めます。つくり方はとってもかんたん。茶葉をフライパンに平らに入れ、へらやさいばしなどでまぜながら、弱めの中火でいります。しばらくいって、表面が茶色に変わってきたら、ほうじ茶のできあがり。

茶葉がこげないように、まぜながらいる。

できたての茶葉でいれると、よりこうばしいほうじ茶がたのしめる。

茶がらも使おう！

お茶を飲んだあとに残る茶がら*は、捨てずにじょうずに活用しましょう。

＊ 時間がたった茶がらは、ばい菌がはんしょくすることもあるので、使わないようにしましょう。

料理に

茶がらには、ビタミンや食物せんいなどがたくさんふくまれているので、食材としても使えます。たとえば、茶がらの水分を軽くしぼって、ごまやかつお節、しょう油をかけて、おひたしに。また、チャーハンや焼きそばの具材に加えてもいいですね。この本では、ぎょうざのレシピを紹介しています。ぜひ、つくってみてください（46 ページ）。

「茶がらぎょうざ」→ 46 ページ

そうじに

たたみや床に、水分をしぼった茶がらをまいてからほうきではきます。茶がらがほこりを吸着してくれるため、ごみを集めやすいです。

消臭・脱臭に

魚を焼いたあとのグリルにふりかけると、魚のくさみを吸収し、生ぐさみが取れます。乾燥させてお茶パックやふきんなどに包み、収納スペースやくつ箱に置けば、においを吸収してくれます。

お茶のいただき方、出し方

お茶のいれ方のコツをつかんだら、飲み方や出し方のマナーもおぼえましょう。
お茶の時間が、もっとたのしくなります。

お茶をいただこう

マナーと聞くと、むずかしいと思いがちですが、お茶をいただくときは、感謝の気もちをもって味や香りをたのしみながらいただきましょう。下の図を参考に茶わんや茶たくなどの道具を大切にあつかい、お茶をこぼさないように気をつけましょう。

茶わんのもち方

指はそろえると、きれいです。

「どうぞ」といわれたら、「いただきます」とあいさつしてから、片ほうの手で茶わんを取り、もう片ほうの手の平にのせます。茶わんを取ったほうの手は、茶わんにそえます。お茶がこぼれないように、口もとに静かに運びましょう。

飲み方

味や香りをたのしみながら、数回に分けて飲みます。お茶を飲むときは、ズズッと音を立てないように気をつけましょう。飲み終えたら、「ごちそうさまでした」とあいさつをしましょう。

ふたつきの茶わんは……

片ほうの手を茶たくにそえ、もう片ほうの手でふたのつまみをもってふたを開け、そのままかたむけてふたについた水てきを茶わんの中に落とします。しずくが落ちたら、ふたをうら返し、片ほうの手でふたのふちをもち、つぎにもう片ほうの手にもちかえ、茶わんの右おくに置きます。飲み終えたあとは、ふたは茶わんにもどしましょう。

菓子をいただくタイミング

お茶といっしょに菓子を出されたら、お茶をひと口飲んでから菓子をいただきます。お茶より先に菓子に口をつけるのはさけましょう。

＊ まっ茶をいただくときは、菓子を先に食べます（2巻21ページ）。

お茶を出してみよう

お茶を出すときの一番のポイントは、おもてなしの気もちをもっておこなうことです。あわてず、ていねいに出しましょう。

お茶を運ぶときは、茶わんは茶たくにのせず、それぞれをおぼんに置きます。とちゅうでお茶がこぼれてしまっても、茶たくをよごさずにすみます。

お茶を出すときは、部屋の広さなどにもよりますが、基本は入口に近いほうから出します。

おぼんにセットする

おぼんに茶わんと茶たく、きれいなふきんを置きます。このとき、茶わんと茶たくはべつに置きましょう。客にすぐにお茶を出したいときには、茶わんを茶たくにのせて運んでもいいでしょう。

お茶を運ぶ

両手でおぼんの左右のふちをもち、体から少しはなして胸の前あたりでもちます。お茶がゆれてこぼれないように、静かに運びましょう。

お茶を出す

おぼんをテーブルのはしに置き、茶たくをテーブルに並べ、その上に茶わんをのせていきます。このとき、茶わんをふきんに一度置いてから、茶たくにのせると、底がぬれていた場合も茶たくをよごさずにすみます。

客の入口に近いほう（下座側）から、茶わんの絵が（茶わんの表面）が客のほうに向くように、両手で置きます。このとき、「どうぞ」とひと声かけるといいでしょう。うしろから出すのがむずかしい場合は、「正面から失礼いたします」と声をかけ、前から両手で置きましょう。

お茶と菓子の位置

お茶と菓子は、客から見て左側に菓子、右側にお茶となるように置きます。遠いほうから出すとスムーズです。たとえば、客の右うしろ側から出すときは菓子を先に、つづいてお茶を出します。左うしろ側から出すときは、お茶、菓子の順となります。

「せん茶道」とは？

日本の伝統文化である茶道と聞くと、まっ茶をたてる茶道（まっ茶道）が思いうかぶことでしょう。じつは茶道には、せん茶をきゅうすでいれる「せん茶道」もあります。せん茶道の世界をのぞいてみましょう。

せん茶道の特ちょうは？

せん茶道もまっ茶道も、お茶をいれておもてなしをし、お茶をいただき、たのしむことは同じです。けれども、まっ茶道ではもてなす人（亭主）、もてなされる人（客）ともに作法の知識が必要ですが、せん茶道では「客に作法を求めず、自由にお茶をたのしむ」ことを大切にしているところがちがいます。せん茶道では、作法にくわしくなくても気軽に参加でき、茶会の場所や道具についても、自由な精神やくふうを大切にしています。

お話を聞いたのは……

煎茶道静風流 海野俊堂先生

一般財団法人彰風会文化財団 煎茶道静風流・第３代家元。静岡市芸術文化奨励賞などを受賞。せん茶道で伝えていることは、「まずは楽しむこと」「急いで結果を求めないこと」。

茶会はどのようにおこなうの？

茶会の流れは、まっ茶道とほぼ同じです。もてなす人（席主）の声がけで客は茶室＊1に入り、床の間の花やかけ軸（かけもの）、道具などを拝見してから自分の席に着きます。席主は季節の話からはじまり、茶席のテーマ、床の間のかざり、点前の道具の説明などをします。

その後、席主はお茶をいれます。お茶をいれ終えるころに、お茶の産地や種類、菓子などについて話します。客は一せん＊2めのお茶を飲んで、菓子を食べます。つづいて二せんめのお茶をいただきます。茶会の時間はおよそ 40 分です。

＊1 せん茶道の茶会はたいていホテルなどでおこなわれます。また、自然の風景をたのしみながら、外でお茶をいただく「野だて」をおこなうこともあります。
＊2 1回めにいれたお茶のことです。

お茶会のおもな道具

❶湯わかし：お湯をわかすときに使うやかんのような道具。❷涼炉：炭や電気で湯をわかす道具。❸瓶敷：湯わかしを置く台として使われる。❹茶入：茶葉を入れる器。❺水注：水を入れる器。❻きゅうす。❼茶わん。❽茶たく。

まっ茶の茶会のようすや野だてについては、2巻を見てみよう。

どんなお茶や菓子を使うの？

せん茶道では、上質な「ふつうせん茶」（7ページ）や玉露を多く用います。また、番茶＊3をいって、ほうじ茶にして使うこともあります。暑い時期には、せん茶や玉露を使った冷茶（18ページ）を出すこともあります。

茶会の菓子は、まっ茶の茶道と同じです。ねりきりやまんじゅう、きんとんなどの主菓子＊4を食べます。干菓子を用いることもあります。

＊3 せん茶用のお茶の葉をつんだあとに、チャノキを整えるときにかり落とした葉でつくられるお茶。

＊4 主菓子にはふくまれる水分の量が多い「生菓子（30%）」と「半生菓子（10～30%）」があり、それより水分が少ないものは「干菓子（10%以下）」といいます。

茶会のようす。席主がいれたお茶を「半東」とよばれる席主を手伝う人たちが客に出しているところ。

お茶の種類については4巻、和菓子については2巻を見てみよう。

せん茶はどのように広まったの？

日本にはじめてお茶が伝わったのは平安時代（794～1185年）です。このときのお茶は、「餅茶」とよばれ、蒸した茶葉を粉にしてかためたもので、茶色のお茶だったといわれています。その後、中国に渡った栄西という仏教の僧により、まっ茶と、まっ茶を飲む風習が日本に伝わります。安土・桃山時代（1573～1603年）になると、千利休がまっ茶をたてる茶道である「茶の湯」を確立し、武士や貴族など身分の高い人びとの間で流行しました。江戸時代（1603～1868年）になると、隠元禅師により、火でいって、もんで、乾燥させた茶葉にお湯をそそいで飲む飲み方が伝えられ、仏教の僧・高遊外が、自由な気風でお茶をたのしむせん茶道を広めたり、永谷宗円が現在のせん茶づくりにつながる製法をうみ出したりして、せん茶が広まっていきました。

きゅうすでいれる飲み方を伝えた

隠元禅師（1592～1673年）

1624年に明（中国）から渡ってきた禅宗＊5の僧。鉄のかまでいってつくった「唐茶」に、熱湯をそそいで抽出した液を飲む「淹茶法」を伝える。この飲み方は、現在のきゅうすにお湯をそそいで飲む飲み方のはじまりといわれている。また、野菜のいんげん豆やれんこんなどを日本に伝えた。野菜の「いんげん」の名は、隠元禅師の名に由来しているといわれている。

高遊外（1675～1763年）

禅宗の僧で、僧名を月海元昭という。京都・鴨川に「通仙亭」という茶屋をかまえたり、風光明媚なところにおもむいてお茶を売り、人びとから「売茶翁（お茶を売るおじいさん）」と親しみをこめてよばれた。画家の伊藤若冲（1716～1800年）や俳人で作家の上田秋成（1734～1809年）など多くの文化人（文人）に影響を与えた＊6。

永谷宗円（1681～1778年）

やわらかい新芽を用い、蒸してもんで乾燥させる現在のせん茶のつくり方「蒸し製せん茶」を考え出した。この製法により、それまでは赤茶色だったお茶が、あざやかな緑色をたもてるようになり、味や香りもよくなった。お茶の業者はきそってこの製法を学び、お茶づくりは大きく発展し、せん茶を飲む風習も広まっていった。

＊5 仏教の宗派のひとつで、坐禅をして修行をおこないます。臨済宗、曹洞宗、黄檗宗の3つの宗派があります。

＊6 せん茶はのちに「文人茶」ともよばれるようになりました。

プリンやクッキー、蒸しパンなどのスイーツから、スパゲッティやオムレツなどの食事メニューまで、お茶を使ったレシピを紹介します。お茶の香りや色、味わいがたのしめる一品をつくってみましょう。

この本のレシピで使うお茶

緑茶（せん茶）の茶葉

茶葉を加熱して使います。

つくる料理 ふりかけ

緑茶のティーバッグ

ティーバッグをお湯に入れて、抽出したお茶を材料として使います。

つくる料理 蒸しパン

お茶のパウダー

緑茶、まっ茶、ほうじ茶のパウダーを使用します。茶葉を粉末にしたパウダーは水やお湯にとけやすく、料理に使いやすいのが特ちょう。

つくる料理 プリン、アイスクリーム、どら焼き、クッキー、ラテ、スパゲッティ、オムレツ

緑茶

まっ茶

ほうじ茶

緑茶の茶がら

お茶をいれたあとに残った茶がらを使います。

つくる料理 ぎょうざ

お茶を使ったレシピ10品

調理の前に

おとなの人に相談しよう！

包丁を使ったり、火を使ったりするレシピもあるので、おとなの人に相談してからおこないましょう。また、むずかしい作業は、手伝ってもらいましょう。

火の強さ（火かげん）を確認しよう！

レシピに出てくるガスコンロの火の強さ（「強火」「中火」「弱火」）を知っておきましょう。

火がフライパンやなべの底全体にしっかり当たるくらい。

火の先がフライパンやなべの底に当たるくらい。

火がフライパンやなべの底に当たらないくらい。

身じたくを整えよう

❶髪をたばねる

髪が料理に入らないように、三角きんを巻いたり、長い人はゴムで結びましょう。

❷エプロンをつける

服についたほこりなどが料理に入らないように、また、調理中に服がよごれないように、エプロンをします。エプロンのひもがたれていると危ないので、きちんと結びましょう。

❸そでをまくる

そで口がぬれたり、よごれたり、火が燃えうつったりしないように、そでは、ひじまでまくりましょう。

❹手を洗う

調理の前に、必ずせっけんで手を洗います。とくに指の間や指先はていねいに洗いましょう。つめは短く切っておきます。

ほうじ茶プリン

ほうじ茶の香りがこうばしい、
とってもなめらかな口あたりのプリンです。
冷やしてめしあがれ！

材料（4個分）

ほうじ茶パウダー …………… 大さじ2
卵 ……………… 2個
砂糖 …………… 40 g
牛乳 ………… 200 mL
A［水 ……… 小さじ2
　 砂糖 ………… 25 g

道具

- プリン型（容量110 mL）*
- バット
- 小なべ
- ボウル　2個
- あわ立て器
- スプーン
- ざる
- お玉
- フライパン
- フライパンのふた
- ペーパータオル
- 竹ぐし

＊プリン型は、耐熱性の器で代用OK。ただし、器の厚さや大きさによっては、加熱時間が変わる場合があります。つくり方⑩でようすを確認し、蒸し時間を調節しましょう。

準備　プリン型をバットに並べる。

つくり方

1 カラメルソースをつくる。小なべにAの材料を入れ、砂糖が水でしっとりしたら弱火にかける。まわりが茶色になってきたら、全体が同じ色になるようになべをゆすってまぜる。

2 うっすらとけむりが出てきたら、火を止める。さらに、あめ色になるまでなべをゆする。

3 あめ色になったら、バットに並べた型に、すぐに流し入れる。そのまま室温で冷ます。

★ポイント
型は熱いので、さわらない！

4 プリン液をつくる。ボウルに卵を割り入れ、あわ立て器でまぜる。砂糖を加え、さらにまぜあわせる。

5 小なべに牛乳を入れて中火にかける。なべのふちに小さなあわが出てきたら火を止めて、ほうじ茶パウダーを加え、スプーンでまぜあわせる。

★ポイント
牛乳はふっとうさせないようにしよう。

6 4のボウルに5を少しずつ加え、あわ立て器でまぜあわせる。

7 べつのボウルにざるをのせ、6を流し入れてこす。お玉で、冷ましておいた3の型に入れる。

ペーパータオルをしくと、プリン型が安定し、なめらかなプリンになるよ！

8 フライパンに水（分量外）を2cmほどの高さまで入れ、ペーパータオルをしき、中火にかける。ふっとうしたら、火を止め、7の型を並べる。

9 ふたをして弱火にかけ、10分ほど蒸す。火を止めて、余熱で5分ほど蒸らす。

10 プリンの真ん中に竹ぐしをさし、中からプリン液がにじみ出てこなければできあがり。室温で冷ましてから、冷蔵庫にうつして冷やす。

11 型から出すときは、竹ぐしで型のふちをぐるりと1周させ、お皿をかぶせ、お皿ごとひっくり返す。

アレンジ

まっ茶でもOK！

ほうじ茶パウダーをまっ茶パウダーにかえれば「まっ茶プリン」に。まっ茶パウダーの分量は、小さじ2を目安に。

！火を止めても蒸気は出ていて熱いので、おとなの人に手伝ってもらおう。

まっ茶アイスクリーム

口の中でとろける、まっ茶が香るアイスクリーム。
あまい味にやさしい苦みがさわやか！
アイスクリームショップみたいに、コーンにのせてみよう。

材料（21cm × 16cm のバット 1 台分）

まっ茶パウダー …… 小さじ 2
生クリーム* ……… 200 mL
*乳脂肪分 35%以上のものを使用。
卵 ………………… 2 個
砂糖 ……………… 80 g
コーンなど ……… お好みで

ボウルに氷水をつくる。

道具

- ボウル 3 個
- あわ立て器
- バット
- 食品用ラップ
- ゴムべら
- ディッシャー（スプーンでも OK）

つくり方

1 ボウルに生クリームを入れる。ボウルの底を氷水に当てながら、あわ立て器で生クリームをあわ立てる。

2 あわ立て器をもち上げ、生クリームがピンと立つくらいにあわ立ったら OK。冷蔵庫で冷やしておく。

アドバイス

ハンドミキサーがある場合は、❶～❸の工程をハンドミキサーでおこなうと、かんたんだよ。

3 べつのボウルに卵を割り入れ、あわ立て器でまぜる。砂糖とまっ茶パウダーを加え、あわ立て器をもち上げたとき、あとが残るくらいまで、しっかりあわ立てる。

4 ❷の生クリームのボウルに、❸の半分の量を入れ、あわ立て器でまぜる。よくまざったら、残りを加え、さらにまぜあわせる。

5 ❹をバットに流し入れ、ゴムべらで表面を平らにならす。ラップをかけて、冷凍庫に入れ、6～7 時間置いて冷やしかためる。

6 ディッシャーでアイスクリームをすくい、器やコーンにもる。

★ポイント

ディッシャーやスプーンは、お湯につけて温めてから、水気をふきとって使うと、アイスクリームがすくいやすいよ。

アレンジ

ほうじ茶でも OK！

まっ茶パウダーをほうじ茶パウダーにかえれば「ほうじ茶アイス」に。ほうじ茶パウダーの分量は、大さじ 2 を目安に。

まっ茶どら焼き

切り口がきれいな緑色をしたミニサイズのどら焼きは、
まっ茶のほろ苦さとあんこのやさしいあまさがマッチ！

材料（10個分）

- まっ茶パウダー……小さじ2
- 薄力粉……90g
- ベーキングパウダー……小さじ1
- 砂糖……50g
- 卵……2個
- はちみつ……小さじ1
- みりん……小さじ1
- 水……小さじ1
- サラダ油……小さじ1/2
- あんこ（市販品）＊1……150g

＊1 つぶあんでもこしあんでもOK。

道具

- ざる
- ボウル 2個
- あわ立て器
- 食品用ラップ
- フッ素樹脂加工のフライパン
- ペーパータオル
- さいばし
- ふきん＊2
- 大さじ
- フライ返し
- あみ

＊2 ふきんは水にぬらしてしぼる。

つくり方

1 ざるにまっ茶パウダー、薄力粉、ベーキングパウダー、砂糖を入れ、ボウルの上で手でまぜながらふるう。

2 べつのボウルに卵を割り入れ、はちみつとみりんを加え、あわ立て器で円をえがくようにぐるぐるとまぜあわせる。

3 ❷に❶を加え、あわ立て器でまぜあわせる。ラップをかけて冷蔵庫に30分ほど入れておく。

4 ❸を冷蔵庫から出し、水を加えてあわ立て器でまぜあわせる。水を加えることで、冷えてかたくなった生地はとろっと少しゆるくなり、フライパンに流し入れやすくなる。

5 フライパンを弱火で熱し、サラダ油をペーパータオルでぬる。火を止めて、水にぬらしてしぼったふきんの上に置き、温度を少し下げる。

6 ❺のフライパンに、❹のどら焼きの生地を大さじ1杯分ずつ流し入れ、弱火にかける。

★ポイント

スプーンは動かさず、1点に流し入れると、丸い形にきれいに広がるよ。

7 表面がふつふつしてきたらフライ返しでひっくり返し、反対側も15秒ほど弱火で焼く。あみなどに取って冷ます。これを20枚つくる。

8 ❼の皮に、あんこを大さじ1杯分ほどのせて、もう1枚の皮ではさむ。

アレンジ

ほうじ茶にかえたり、生クリームをはさんでもOK！

まっ茶パウダーをほうじ茶パウダーにかえれば、「ほうじ茶どら焼き」に。ほうじ茶パウダーの分量は、大さじ2を目安に。ホイップクリームをはさんでもおいしい！

ほうじ茶&緑茶クッキー

サクっとした歯ざわりがたのしいお茶のクッキーはいかが？
好きな形の型を使ってつくり、ラッピングして、
お友だちにプレゼントしちゃおう！

材料（ほうじ茶クッキー約30枚分）

ほうじ茶パウダー	大さじ3	砂糖	45g
薄力粉	125g	卵	1/2個（約25g）
バター（食塩不使用）	50g	強力粉（なければ薄力粉）	適量

準備
・バターと卵は室温に置く。　・オーブンは150℃に温める。
・卵はときほぐす。

道具

- ざる
- ボウル 2個
- ゴムべら
- あわ立て器
- 食品用ラップ
- めん棒
- クッキー型
- オーブン用シート
- オーブン
- フライ返し
- あみ

つくり方

★緑茶クッキーは、上の分量でほうじ茶パウダーを緑茶パウダー（大さじ3）にかえてつくろう。

1 ざるに、ほうじ茶パウダーと薄力粉を入れ、ボウルの上で手でまぜながらふるう。

2 べつのボウルにバターと砂糖を入れ、砂糖が見えなくなるまでゴムべらですりまぜる。あわ立て器にもちかえ、白っぽくなるまでさらによくすりまぜる。

3 ②にときほぐした卵を2～3回に分けて加え、そのつどあわ立て器でよくすりまぜる。

4 ③に①を一気に加え、ゴムべらでさっくりと切るようにまぜあわせる。

★ポイント
粉っぽさがなくなり、ひとまとまりになればOK。

5 ④を2つに分け、それぞれラップではさむ。めん棒で約5mmの厚さにのばし、冷蔵庫に1時間以上入れて冷やす。

6 ⑤を冷蔵庫から取り出してラップの片面をはがす。クッキー型に強力粉をつけて、生地をぬく。残った生地はまとめて丸め、同じようにラップにはさんでめん棒でのばし、型でぬく。

7 天板にオーブン用シートをしき、⑥の型でぬいた生地を並べる。150℃のオーブンで20分ほど焼く。

8 焼き上がったら、フライ返しであみなどにのせて冷ます。

緑茶蒸しパン

2つに割ると、中はきれいな黄緑色の蒸しパン。
じつは、とってもかんたんにつくれます！

材料（4個分）

緑茶のティーバッグ	3個
お湯	130 mL
サラダ油	小さじ1
ホットケーキミックス	100 g
砂糖	10 g

道具

- カップケーキ型*
- アルミホイル
- ティーポット（きゅうすでもOK）
- ボウル 2個
- スプーン
- ペーパータオル
- フライパン
- フライパンのふた
- 竹ぐし

*直径7 cm ×高さ5 cm の型を使用。

準備 カップケーキ型の底をアルミホイルでおおう。

つくり方

1 ティーポット（またはきゅうす）にティーバッグを入れ、お湯をそそいでふたをし、1分ほど蒸らす。100 mL はかってボウルにうつして冷ます。サラダ油を加える。

2 べつのボウルにホットケーキミックスと砂糖を入れて、スプーンで軽くまぜあわせる。

3 ②に①を加えて、スプーンで軽くまぜあわせる。

★ポイント

まぜすぎるとふわっとしあがらないので、粉っぽさが残っているくらいにまざればOK。

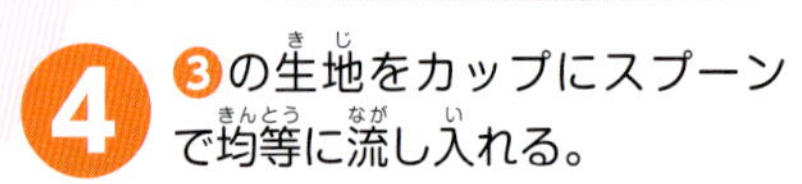

4 ③の生地をカップにスプーンで均等に流し入れる。

★ポイント

焼くとふくらむので、流し入れる量は8分めくらいまでにする。

5 フライパンに水（分量外）を1 cm ほどの高さまで入れ、ペーパータオルをしき、中火にかける。ふっとうしたら火を止め、④のカップをフライパンに並べる。

6 ふたをして、強火で10分ほど蒸す。ふたを取り、型のまん中に竹ぐしをさし、生地が竹ぐしにくっついてこなければ完成。生地がつくときは、さらに1～2分蒸し、竹ぐしをさしてようすを見る。

まっ茶ラテ

まっ茶パウダーを使ってラテアートにちょうせん！
好きなモチーフでつくってみましょう。

材料（1人分）

- まっ茶パウダー……小さじ1
- 砂糖……小さじ1
- 牛乳……200 mL
- まっ茶パウダー（しあげ用）……少々

道具

- マグカップ
- なべ
- スプーン
- ボウル
- あわ立て器
- 茶こし
- 画用紙などの厚紙

つくり方

1 マグカップにまっ茶と砂糖を入れる。なべに牛乳を入れて中火にかける。なべのふちに小さなあわが出てくるくらいまで温める。

2 カップの底から3分の2くらいの高さまで、❶の温めた牛乳をそそぐ。スプーンでまぜてまっ茶と砂糖をとかす。

3 ❷で残った牛乳をボウルにうつし、あわ立て器で軽くあわ立てる。

4 ❸をスプーンですくい、❷のカップに静かにのせる。

5 ❹のカップに型紙をのせ、しあげ用のまっ茶パウダーを茶こしでふる。

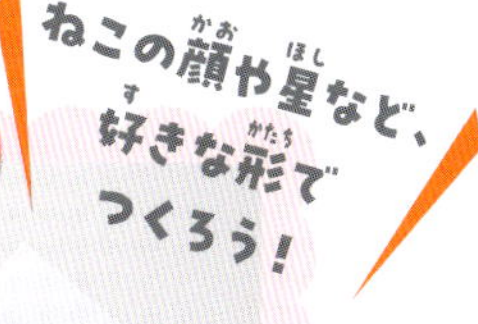

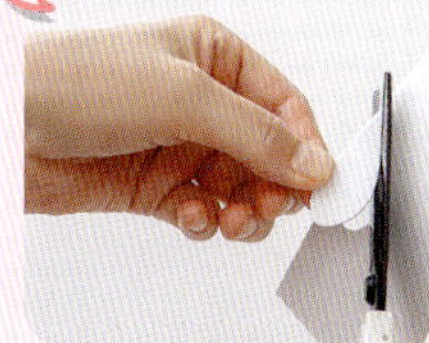

カップより大きいサイズの厚紙を用意する。厚紙を半分に折り、はさみでハートなど好きな形に切りぬく。左右対しょうにつくれる形だと切りやすいよ。

緑茶ふりかけおにぎり

茶葉をそのまま使う、こうばしくておいしいふりかけです。ごはんに、かけてもまぜても！

材料（6個分）

- 緑茶の茶葉…………大さじ2
- ちりめんじゃこ……大さじ1
- 白いりごま…………大さじ1
- 塩こぶ………………大さじ1
- 塩………………………少々
- 温かいごはん…………300g
  （お米1合分：茶わん約2杯分）

道具

- フライパン
- 木べら
- ボウル
- しゃもじ
- 茶わん
- 食品用ラップ

つくり方

1 フライパンに緑茶の茶葉、ちりめんじゃこ、白いりごまを入れ、弱火にかける。

2 2～3分、木べらでまぜながら香りが立つまでいる。

★ポイント
お茶のいい香りがしてきて、ちりめんじゃこがカリッとしてきたらOK。

3 火を止めて塩こぶと塩を加え、木べらでさっとまぜあわせる。

4 ボウルに温かいごはんを入れて3を加え、しゃもじで切るようにさっくりまぜる。

5 4を6等分して1つ分を茶わんに入れる。

★ポイント
茶わんにうつすと、ごはんの温度が少し下がるので、にぎりやすくなるよ。

6 ラップを広げ、5を中央にのせて包む。ラップの上をねじって片ほうの手でもち、もう片ほうの手で丸く形を整える。

緑茶とハムのスパゲッティ

緑茶がまるでバジルのような
さわやかな味わいに。
ちょっとおとなの味が
たのしめます！

材料（1人分）

緑茶パウダー	大さじ1
ハム（うす切り）	2枚
にんにく	1/2かけ
スパゲッティ	80 g
オリーブオイル	大さじ1
塩、こしょう	各少々
A 水	2 L
A 塩	小さじ2

道具

- 包丁
- まな板
- なべ
- さいばし
- お玉
- 器（ゆで汁の取り分け用）
- フライパン
- ざる

つくり方

1 ハムは包丁で5 mmほどの細切りにする。にんにくは、ざくざくと包丁であらくきざむ。

2 なべにAを入れて中火にかける。ふっとうしたらスパゲッティを入れ、さいばしでまぜながら、ふくろの表示時間どおりにゆでる。ゆで汁をお玉1杯分（約50 mL）、器に取り分けておく。

3 フライパンにオリーブオイルと❶のにんにくを入れて弱火にかけ、香りが立ってきたら、❶のハムを加えて軽くいためる。ハムに焼き色がついたら、火を止める。

4 ❷のめんがゆで上がったら、ざるにうつしてゆで汁をきり、❸のフライパンに入れる。緑茶パウダー、❷で取り分けたゆで汁を加えて中火にかけ、いためる。味を見て塩、こしょうで味をととのえる。

緑茶グリーンオムレツ

まっ茶パウダーを入れると、あらふしぎ！
オムレツがあざやかなグリーンに変身！
卵はたっぷり2個使い、ふんわりしあげましょう。

材料（1人分）

- まっ茶パウダー……小さじ1/2
- 牛乳……小さじ3
- 卵……2個
- 塩……少々
- こしょう……少々
- サラダ油……小さじ1
- ミニトマト、フランスパン……適量

道具

- 小さめの器
- スプーン
- ボウル
- さいばし
- フライパン
- フライ返し
- ペーパータオル

つくり方

1 小さめの器にまっ茶パウダーと牛乳小さじ1を入れ、スプーンでよくまぜる。パウダーがとけたら、残りの牛乳（小さじ2）を加えてまぜる。

2 ボウルに卵を割り入れ、さいばしでときほぐす。

★ポイント
さいばしをボウルの底につけて左右にすばやく何回か動かすと、卵がほぐれやすいよ。

3 ❷に、❶、塩、こしょうを加え、さいばしでよくまぜあわせる。

4 フライパンにサラダ油を入れて弱めの中火で熱し、❸を一気に流し入れ、さいばしで円をえがくように大きくまぜる。

5 卵のふちがかたまってきたら、フライ返しでおくから手前によせる。

6 フライ返しでオムレツを皿にうつす。ペーパータオルをかぶせ、形を整える。好みでミニトマトやフランスパンなどをそえる。

アドバイス

焼くとき、もるときに多少形がくずれても、つくり方❻のように形を整えることで、きれいな形にしあがります。卵がやわらかいうちに、ペーパータオルの上からそっとおさえるのがコツ。フライ返しでよせるのがむずかしい場合は、さいばしや木べらで大きくまぜて、スクランブルエッグにしてもOK！

茶がらぎょうざ

お茶をいれたあとに残る「茶がら」を使ったぎょうざです。
茶がらの水分で、肉あんがしっとりジューシーにしあがります。

材料（25個分）

- 緑茶の茶がら（水気を軽くしぼったもの）……40 g
- せん切りキャベツ（市販品）……1ふくろ（100 g）
- ぶたひき肉……200 g
- ぎょうざの皮……25枚
- サラダ油……大さじ1
- サラダ油（しあげ用）……大さじ1
- A
  - おろしにんにく（チューブ）……1 cm
  - おろししょうが（チューブ）……3 cm
  - 塩……小さじ1/2
  - こしょう……少々
  - ごま油……小さじ1

道具

- 包丁
- まな板
- ボウル
- 小さな器
- 大さじ
- フライパン
- フライパンのふた

お湯（200～400mL）をわかしておく。

つくり方

1 せん切りキャベツを包丁でざく切りにする。

2 ボウルに茶がら、ぶたひき肉、**A**を入れ、手でよくねる。

3 ねばりが出たら、**1**のキャベツを加えて全体をまぜあわせる。ぎょうざのあんの完成。

4 水（分量外）を入れた小さな器を用意する。ぎょうざの皮を手の平にのせ、皮のふちに水をつける。

5 皮の中央に、**3**のあんを大さじ1杯分くらいのせる。

6 皮をとじる。

包み方は、やりやすいほうでOK！

その1 ひだなし

皮を半分に折り、指でぴったりくっつける。

はしから少しずつ皮をよせてひだをつくり、指でくっつける。

中火　やけどに注意！

7 フライパンにサラダ油大さじ1/2を入れて中火で熱し、30秒たったら火を止める。ぎょうざの半分の量を並べ、お湯（分量外）を1 cmほどの高さ（100～200 mL）までそそぎ、ふたをする。

中火　やけどに注意！

8 中火で、水分がほぼなくなるまで約5分焼く。ふたを取ってしあげ用のサラダ油大さじ1/2をフライパンのふちからまわし入れ、カリッとするまで焼く。残りのぎょうざも同じように焼く。

アドバイス

つくり方**7**で
お湯を入れるとき
油がはねることがあります。
危ないので、おとなの人に
手伝ってもらいましょう。

監修　株式会社 伊藤園

1966年、リーフ（茶葉）製造・販売会社として設立。その後、世界初の缶入りウーロン茶飲料や緑茶飲料、また、ペットボトル入り緑茶飲料の開発に成功。緑茶、麦茶、ウーロン茶、紅茶などの茶系製品のほか、野菜飲料、コーヒー飲料などの製造・販売を手がけている。時代やライフスタイルの変化に合わせた新しいたのしみ方や価値をつくりつづけ、「健康創造企業」として日本をはじめ世界中の人々の健康で豊かな生活と持続可能な社会の実現をめざして製品開発をおこなっている。
監修ページ／①お茶をいれてみよう：P4、5、8～21、24

監修（レシピ）　荻田尚子（おぎた・ひさこ）

お菓子研究家。大学卒業後、製菓専門学校を経て、フランス菓子店に勤務。カスタードプリンをはじめ、初心者でもつくりやすいお菓子のレシピを書籍や雑誌、テレビ番組で紹介している。おもな著書は、『決定版！ 何度も作りたくなる お菓子の基本』（講談社）、『くり返し作りたい、定番のおやつ 基本の焼き菓子』（成美堂出版）など。『魔法のケーキ』（主婦と生活社）で第3回料理レシピ本大賞 in Japan【お菓子部門】大賞受賞。
監修ページ／②お茶を使って料理をつくろう：P30～47

撮影協力・取材協力

- 伊藤園 広報部
- 煎茶道静風流（一般財団法人彰風会文化財団）
- 株式会社 前田幸太郎商店
- 岩下宣子（現代礼法研究所）

スタッフ

- イラスト　いしかわみき
- デザイン・DTP　ダイアートプランニング（高島光子、野本芽百利）
- 撮影　安部まゆみ、村尾香織
- 執筆協力　諸井まみ
- 校正　夢の本棚社
- 編集協力　中村順行（静岡県立大学茶学総合研究センター）
　株式会社スリーシーズン（花澤靖子、藤門杏子）

参考文献

『おいしい「お茶」の教科書』（大森正司著、PHP研究所）、『新版 日本茶の図鑑』（公益社団法人日本茶業中央会、NPO法人日本茶インストラクター協会監修、マイナビ出版）、『改訂版 日本茶のすべてがわかる本　日本茶検定公式テキスト』（日本茶検定委員会監修、NPO法人日本茶インストラクター協会企画・編集、農山漁村文化協会）

伝えよう！ 和の文化　お茶のひみつ③ お茶をたのしもう

2024年12月25日　初版第1刷発行
監修　株式会社 伊藤園／レシピ　荻田尚子
編集　株式会社 国土社編集部
発行　株式会社 国土社
〒101-0062 東京都千代田区神田駿河台2-5
TEL 03-6272-6125　FAX 03-6272-6126
https://www.kokudosha.co.jp
印刷　瞬報社写真印刷株式会社
製本　株式会社 難波製本

NDC 596　48P/29cm　ISBN978-4-337-22703-3　C8361